中國海洋夢

雪龍冰海

鍾林姣 ◎編著

黃 捷 ◎繪

中華教育

我是「雪龍號」，是中國最大的極地科學考察船，
也是中國唯一能在極地破冰前行的船隻。

　　我非常喜歡我的名字，「龍」代表的是中國，
「雪」代表的是冰雪世界，既威武又有詩意。

咔嚓咔嚓！我能連續衝破 1.2 米厚的冰層。

呼啦呼啦！我的抗風能力強，就連可以吹走房屋的 12 級大風我也不怕。

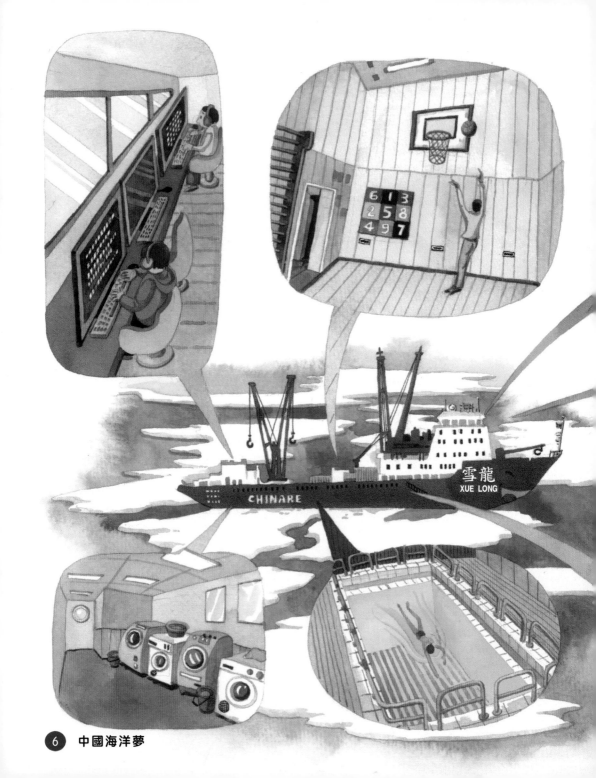

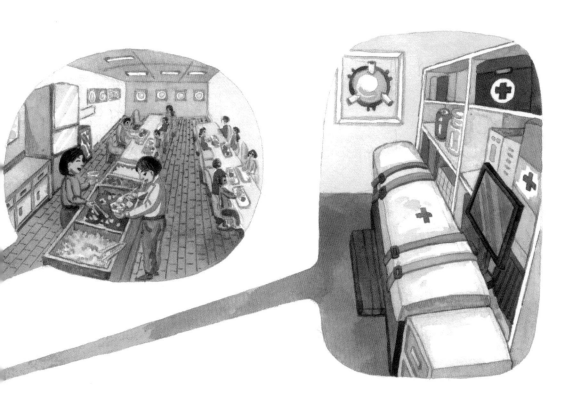

　　我有着各種先進的科研設施，生活設施和娛樂設施也很齊全，有網吧、室內籃球場、餐廳、手術室、洗衣間、游泳池、圖書館⋯⋯

游泳池的水是直接從大海裏抽取的，在游泳池裏泡泡不同海域的水，感覺十分舒爽。

　　在餐廳、會議室、走廊等地方，隨處都能見到各種各樣
的地圖，有世界地圖、北極地圖、南極地圖、科學考察航
次圖⋯⋯

垃圾分類投放
嚴禁傾倒入海

艙外禁穿拖鞋
以防滑倒受傷

很有趣是吧，不過我的規矩也不少呢……

禁止吸煙

節約用水

　　我的身上還掛滿了科學考察人員拍攝的企鵝、冰山、科學考察站的照片，這可是我身上一道獨特的風景。

　　科學考察隊經常舉辦各式各樣的講座。這可以增進他們對彼此的了解，以及對各學科和課題的認識。

　　我曾多次赴南極、北極執行科學考察與補給運輸任務，航行足跡遍佈四大洋，創下了中國航海史上多項新紀錄，例如我是中國航海史上到達地球最南緯度的船隻。

　　我是一個十足的冒險家，每一次離開家，就是踏上長長的探險旅途，有好多好多難忘的經歷，穿越西風帶是其中之一。

沒有陸地的阻擋，西風在茫茫無邊的南半球海面上肆意咆哮，它能在海上掀起七八層樓那麼高的大浪，可以瞬間把船打翻。

面對狂風大浪，我都是勇敢無畏地前進。

在歷次南極科學考察中，我多次成功穿越西風帶，是不是特別厲害呀？

在北極，冰原非常美麗，卻也同樣存在着危險。

當我停下來以後，我會和防熊隊員一起觀察四周的動靜。

防熊？沒錯，防的是北極熊。

在寒冷，食物又少的北極，遇到北極熊可不是一件開心的事情，我會在心裏不停地祈禱北極熊不要出現。

有時候，我要參與救援。

有一次，俄羅斯「紹卡利斯基院士號」科學考察船被困南極，我和澳洲的「南極光號」一同前去救援。

由於天氣惡劣，我和「南極光號」無法靠近「紹卡利斯基院士號」，最後用上了我的直升機，將受困人員轉移到了「南極光號」上。

　　俄羅斯科學考察船的人員脫困了，我卻被厚重密集的
浮冰困住了。

　　雖然暫時被困，但能幫助別人，我還是很快樂。

　　借助颳起的西風，海冰出現裂縫，我順利突圍。

冰雪世界是寒冷的，我的心卻是充滿熱情的。
看，我又一次向冰雪世界出發啦！

雪域方舟，龍馬精神

　　眾所周知，是佔據了地球表面積三分之二還多的浩瀚海洋孕育了地球上的生命。可是，人類對海洋這一重要生存發展空間的認知、開發與利用還相當膚淺和薄弱。至於南極和北極，那裏就更隱藏着數不清的奧祕有待人類去探索了，諸如長毛象為甚麼選擇寒冷的北極為家，又因為甚麼突然絕種？南極洲就是那讓前人無限嚮往的美好社會「亞特蘭提斯」嗎？南極圈為冰層所覆蓋到底用了多長時間？為甚麼南北極氣候環境極其相似而北極沒有企鵝南極沒有熊？在極地厚厚的冰層下面究竟都有哪些資源和文明真相？

　　不過，沒有先進的科學技術，沒有足夠完善發達的交通工具和科學考察儀器設備，人類就無法抵達風雪肆虐的極地，更不用說在那裏正常開展各種各樣的科學研究工作了。有了「雪龍號」極地科學考察船，我國科學家的科學考察工作就獲得了強而有力的保障，他們再不必為極地叵測多變的氣象海況和複雜兇險的地理環境而擔心，可以在配有先進的科研、生活和娛樂設施的環境裏舒適而安心地工作與生活，為我們一次次帶回冰雪世界的寶貴訊息。

　　基於此，說「雪龍號」既威武又充滿詩意，一點也不誇張。首先，它有着龍的強勁和威猛，對外，能戰嚴寒，抗風浪，破冰層，穿越西風帶，在世界上任何海區穿梭自如，為科研工作保駕護航；其次，它有着雪的柔媚和輕盈，對內，為船上的科學家提供最溫馨舒適的環境和無微不至的關懷。細緻繁多的規矩則提醒和它一起生活與工作的人們要小心翼翼，在享用的時候懂得節制，在行動的時候懂得敬長，在得意的時候懂得收斂。

　　畫面中那時而表情輕鬆衝着海豹與企鵝微笑、時而表情凝重在狂風大浪中無畏前進、時而咬緊牙關奮力衝出冰層阻撓、時而陪伴海豚歡樂嬉戲的「雪龍號」稱得上是冰海世界中一個歡快可愛的小精靈。它血肉飽滿、情感豐富、知曉冷暖、扶危濟困。看看它參與救援俄羅斯科學考察船工作中的出色表現吧，不但展示了我們國家在海洋科學考察和開發工作中的科技實力，更彰顯了我國與世界各國團結合作攜手共進的博大情懷，以及在國際社會中自覺的責任擔當。

　　我們能不為這予人生命和希望、承載着科學和文明的雪域方舟點讚？能不為它在冰海中的龍姿鳳采而歡欣鼓舞？

喬世華

著名兒童文學評論家

中國海洋夢

雪龍冰海

鍾林娆 ◎ 編著

黃　捷 ◎ 繪

出版 / 中華教育

香港北角英皇道 499 號北角工業大廈 1 樓 B 室

電話：(852) 2137 2338　傳真：(852) 2713 8202

電子郵件：info@chunghwabook.com.hk

網址：http://www.chunghwabook.com.hk

發行 / 香港聯合書刊物流有限公司

香港新界荃灣德士古道 220–248 號荃灣工業中心 16 樓

電話：(852) 2150 2100　傳真：(852) 2407 3062

電子郵件：info@suplogistics.com.hk

印刷 / 迦南印刷有限公司

香港新界葵涌大連排道 172–180 號金龍工業中心第三期 14 樓 H 室

版次 / 2022 年 1 月第 1 版第 1 次印刷

©2022 中華教育

規格 / 16 開（206mm x 170mm）

ISBN / 978–988–8760–56–5

責任編輯：梁潔瑩
裝幀設計：龐雅美
排版：龐雅美
印務：劉漢舉